Introducción

Al parecer los desastres naturales en el planeta Tierra están a la orden del día.

Huracanes y tornados superpoderosos, nunca vistos antes según datos de la ciencia, azotan las costas meridionales, lluvias torrenciales y atípicas causan inundaciones, desastres, los polos se derriten a gran velocidad...

Porque esta situación?. Las investigaciones al respecto realizadas por diversos organismos internacionales afirman que la tierra se está calentando progresiva y paulatinamente. Este calentamiento provoca alteraciones climáticas de diverso tipo y magnitudes.

El presente libro intenta describir y explicar, de modo breve, veraz, conciso, atendiendo a los parámetros científicos actuales en que se desarrolla dicha temática del "Cambio Climático"; las causas, efectos y posibles soluciones acerca de la problemática planteada por dicho fenómeno.

Espero sea de utilidad para los no expertos en el tema, pero con ánimos de lograr una mejor comprensión del mismo.

Atentamente

Manuel Dorantes Suarez

El Planeta Tierra

La tierra, lugar en el que habita la raza humana, se encuentra ubicado a una distancia de 149,597,870 Km del sol. Mantiene una órbita de tipo elíptico posicionada entre Marte y Venus. Sobre esta orbita se mueve alrededor del Sol, movimiento al cual se le denomina "movimiento de traslación", el cual tarda en completar en un periodo que dura alrededor de 365 días. Al mismo tiempo que se desplaza alrededor del Sol, gira sobre su propio eje, dando lugar mediante esta acción, a la sucesión del día y la noche. El movimiento de rotación tiene una duración de 24 hrs.

El hecho de desarrollar una órbita elíptica alrededor del Sol, provoca momentos de mayor cercanía o alejamientos de este Sol. Por lo que puede recibir niveles de radiación solar variables según la posición en que se encuentre a lo largo de su trayectoria alrededor del sol. Este fenómeno de traslación en una órbita de forma elíptica y de acuerdo a la mayor o menor cercanía del astro rey, da como resultado, la sucesión de lo que se ha llamado, estaciones del año. Al respecto se identifican cuatro sucesos de este tipo, o, estaciones, que son: Primavera, Verano, Otoño e Invierno.

Considerándose al verano la época en que se posiciona más cerca del Sol, recibiendo una cantidad de radiación mayor que provoca importante elevación de la temperatura al interior, haciendo a los climas terrestres más cálidos. Y por el otro extremo, al posicionarse a una distancia de mayor lejanía del Sol, recibe la menor radiación posible. Lo que provoca a que los climas se hagan más fríos, dando origen al invierno.

La Atmosfera

Nuestro planeta se encuentra rodeado por una capa de gases, atrapados por efecto de la gravedad terrestre, a una altura de aproximadamente 11 Kms. de la superficie. A esta capa de gases se le ha denominado como: la Atmosfera terrestre.

La atmosfera está conformada por una combinación de distintos gases. Entre los que se encuentran principalmente: El Nitrógeno (N) con un 78%, el Oxigeno (O) con un 21%, 0.9% Argón (Ar), 0.03% Dióxido de Carbono (Co_2), además de vapor de agua y otros gases en cantidades muy pequeñas.

Esta presencia combinada de gases que forman la atmosfera terrestre permiten que las condiciones climáticas sean variables, protegen a los seres vivos de la radiación ultravioleta proveniente del Sol, y permitieron el surgimiento y desarrollo de la vida en el planeta.

En cuanto a la superficie terrestre, esta está conformada principalmente por agua, en un 70.8%, el resto es tierra firme o suelo, en un 29.2%.

La Biosfera

El concepto de Biosfera se refiere al conjunto de seres orgánicos que forman la vida. Todos los seres vivos en sus diversas formas y manifestaciones representan a la Biosfera terrestre.

A este conjunto diverso de seres vivos organizados en distintos Ecosistemas y que habitan en las distintas regiones climáticas del planeta, forman la Biodiversidad terrestre.

Los Biomas

Un bioma se caracteriza por agrupar un conjunto de varios Ecosistemas similares entre sí. Presentando similitud entre las distintas especies de organismos vivos que lo habitan.

De tal manera que los principales Biomas considerados son los siguientes:

1. Terrestres
2. De agua dulce
3. Marinos
4. Urbanos

Cada uno de ellos agrupa a un número variable de Ecosistemas. De tal modo que:

El bioma terrestre está formado por los siguientes Ecosistemas:

-Bosque húmedo Tropical

-Bosque Templado

-Praderas

-Desierto

-Tundra

-Taiga

Bioma de Agua Dulce, lo forman los Ecosistemas:

-Continentales.

De aguas con corrientes como: Ríos y Manantiales

De aguas estancadas, como: Lagos, Lagunas, estanques y Charcos.

Biomas Marinos. Formado por los Ecosistemas:

-Mares. Masas de aguas saladas.

-Estuarios. Compuestos por combinación de Masas de agua salada y dulce.

En cuanto a los Biomas Urbanos se considera que están compuestos por Ecosistemas:

-Artificiales y,

-Semi-Artificiales.

Ahora bien, todo Ecosistema está formado en base a dos componentes determinados que son:

Factores Abióticos

Factores Bióticos

Los abióticos se refieren a las condiciones materiales, físicas, del hábitat. Tales como, humedad, temperatura, tipo de suelo, altitud, presión, relieve, entre otros. Es decir los factores no vivos, sino inertes.

En cuanto factores bióticos, están formados por todo los organismos vivos que habitan en determinado espacio, área o lugar.

Ahora bien, uno de los factores de suma importancia para la vida en la biosfera son los niveles de temperatura que impactan a los ecosistemas en particular. Se sabe que la temperatura promedio que ha presentado la tierra en general se encuentra alrededor de los 15° C.

Este nivel de temperatura promedio es lo que ha permitido el florecimiento de la vida aquí en la tierra. Los organismos vivos han logrado nacer, reproducirse y propagarse a lo largo de los territorios terrestres gracias a esta condición propicia para la constitución biológica, química y física de los seres vivos.

Sin embargo, nos encontramos en un punto de la vida del planeta, en que estas condiciones propicias podrían cambiar de modo abrupto. Cambios considerados perjudiciales, negativos y no propicios para la diversidad biológica que habita a el planeta tierra.

De acuerdo a los datos de la ciencia este cambio negativo, no propicio para la vida, podría ser causa o consecuencia del aumento en los niveles de temperatura por arriba del promedio detectados en la tierra en los últimos años.

El Cambio Climático

El cambio climático es un fenómeno que está modificando el clima terrestre con una tendencia a la alza en el nivel de la temperatura media anual del planeta. Observándose, en las distintas zonas y regiones en que se divide el globo terráqueo.

El fenómeno que incide de manera directa en la alteración del clima se conoce como "calentamiento global".

Las causas del calentamiento global podrían ser las siguientes:

-<u>Emisiones de gases de efecto invernadero</u>

-<u>Ciclos solares</u>

-<u>Cambios en las orbitas planetarias</u>

-<u>Cambios en la posición de los continentes</u>

-<u>Comportamiento de las corrientes oceánicas profundas</u>

-<u>Actividad volcánica</u>

Dichos fenómenos se caracterizan por operar en escalas de tiempo cuya oscilación puede variar desde pocos minutos a millones de años.

¿Qué es el efecto invernadero?

Este se da cuando se forma una capa de gases tipo invernadero alrededor de la tierra, en los límites de su atmosfera, de tal modo que parte de las ondas de calor emitidas por el sol que llegan a la tierra son reflejadas por las partículas de estos gases, impidiendo su disipación hacia el espacio y permitiendo la conservación de calor en la superficie terrestre arriba del promedio normal.

Los gases causantes del efecto invernadero, se enlistan en el siguiente cuadro:

Gases de Efecto Invernadero	Nomenclatura	% del Efecto
Bióxido de Carbono	Co_2	50
Metano	CH_4	19
Clorofluorocarbonos	CFC	15
Óxido Nitroso	N_2O	5
Otros	$O3, H2O$, etc	11

El de mayor impacto es el Co2.

Fuentes de CO_2 en México:

Fuente	%
Agricultura	30.6
Energía	24.4
Transporte	21.3
Industria	14.6
Hogar/trabajo	5.3
Procesos industriales	2.6
Otros	1.2

Fuente: Semarnat 2012

El Incremento en la Temperatura

De acuerdo a los datos obtenidos por los investigadores se espera que la temperatura promedio en la superficie del planeta registre un incremento que puede ir de entre 1.4 a 5.8 grados C, tomando en cuenta el periodo que va del año 1990 al año 2100.

De acuerdo a datos emitidos por el IPCC, las emisiones mundiales de gases tipo invernadero en un periodo de análisis que va del año 1970 al año 2004, se incrementaron:

- "Entre 1970 y 2004, las emisiones mundiales de CO_2, CH_4, N_2O, HFCs, PFCs y SF_6, medidas por su potencial de calentamiento mundial (PCM), se han incrementado en un 70% (24% entre 1990 y 2004), pasando de 28,7 a 49 gigatoneladas de dióxido de carbono equivalente($GtCO_2$-eq). Las emisiones de estos gases se han incrementado en diferentes tasas. Las emisiones de CO_2 han aumentado entre 1970 y 2004 alrededor de un 80% (28% entre 1990 y 2004) y representaban el 77% del total de emisiones de GEI antropogénicas de 2004".

- "El mayor crecimiento en las emisiones mundiales de GEI entre 1970 y 2004 provino del sector de suministro energético (un incremento de 145%). El incremento en emisiones directas del transporte en este período fue de un 120%, de la industria un 65% y de los usos del suelo, cambio de usos del suelo y silvicultura y (LULUCF en sus siglas en inglés) un 40%. Entre 1970 y 1990 las emisiones directas de la agricultura crecieron un 27% y las de las construcciones un 26%, permaneciendo estas últimas en los niveles alcanzados en 1990. Sin embargo, el sector de la construcción presenta un alto nivel de uso de electricidad, y por ello el total de emisiones directas e indirectas en este sector es mucho mayor (75%) que el de emisiones directas". **IPCC Fourth Assessment Report: Climate Change 2007**

Que es el IPCC

"El Grupo Intergubernamental de Expertos sobre el Cambio Climático (IPCC) es el órgano internacional encargado de evaluar los conocimientos científicos relativos al cambio climático. Fue establecido en 1988 por la Organización Meteorológica Mundial (OMM) y el Programa de las Naciones Unidas para el Medio Ambiente (PNUMA) para facilitar a las instancias normativas evaluaciones periódicas sobre la base científica del cambio climático, sus repercusiones y futuros riesgos, así como las opciones que existen para adaptarse al mismo y atenuar sus efectos"

Los gases de efecto invernadero llegan a la atmosfera como producto de emisiones que se originan en la superficie terrestre a causa de las distintas actividades que realiza el hombre para su supervivencia.

Indicadores

Nivel de emisiones a escala Mundial.

1. Emisiones de Co2 (Bióxido de Carbono)

"Las emisiones de dióxido de carbono son las que provienen de la quema de combustibles fósiles y de la fabricación del cemento. Incluyen el dióxido de carbono producido durante el consumo de combustibles sólidos, líquidos, gaseosos y de la quema de gas." Centro de Análisis de Información sobre Dióxido de Carbono, División de Ciencias Ambientales del Laboratorio Nacional de Oak Ridge (Tennessee, Estados Unidos).

De acuerdo a datos obtenidos de los informes de indicadores acerca de las emisiones de Co2 que proporciona el laboratorio nacional de Oak Ridge (Tennessee, Estados Unidos), se logró constatar que la emisión de Co2 en el mundo se ha incrementado considerablemente. El periodo analizado va del año 2000 al año 2011.

Así, en el año 2000 las emisiones de C02 contabilizadas fueron de 158,987,259 Kilo toneladas, y, para el 2011 se alcanzaron las 219,493,243 Kilo Toneladas. La grafica que se muestra a continuación registra la tendencia observada en el periodo señalado (2000 a 2011), de las emisiones de C02 en el Planeta.

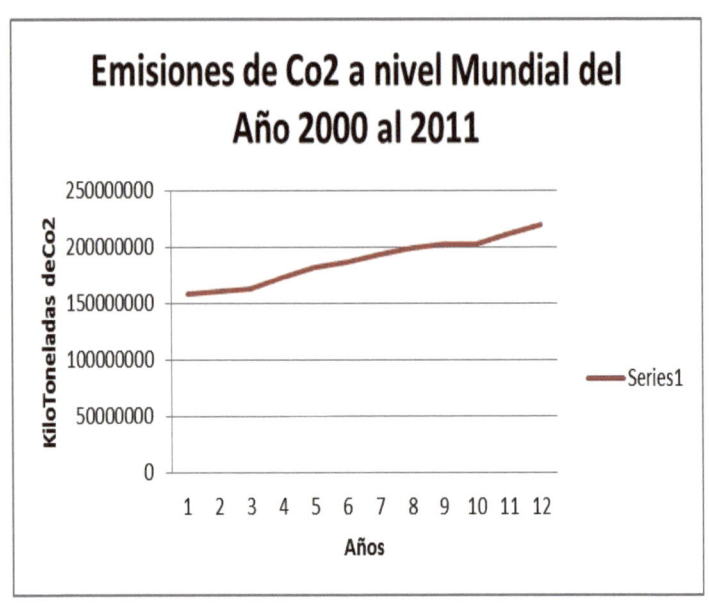

De igual manera ocurre con las emisiones de Metano

2. Emisiones de CH4 (Metano)

"Las emisiones de metano son las que surgen de actividades humanas como la agricultura y de la producción industrial de metano". Agencia Internacional de la Energía (Estadísticas de la AIE © OCDE/AIE, http://www.iea.org/stats/index.asp).

Como se observa en la siguiente gráfica, las emisiones de metano manifestaron un ligero descenso del año 1990 al año 2000. Sin embargo para el periodo que va del 2000 al 2010, registran un ascenso agresivo de emisiones; las que, se contabilizan para su mejor comprensión en Kilotoneladas (Kt) equivalentes de C02.

Pasando de 43,511,519 (Kt). De 1990 a las 51,231,351.1 (Kt) en 2010.

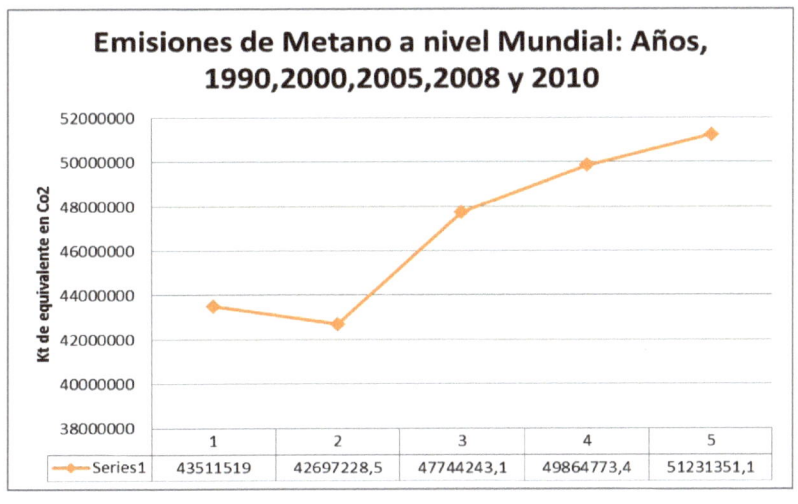

3. Emisiones de NO2 (Óxido Nitroso)

"Las emisiones de óxido nitroso son las generadas por la quema de biomasa en la agricultura, las actividades industriales y la cría de animales." Agencia Internacional de la Energía (Estadísticas de la AIE © OCDE/AIE, http://www.iea.org/stats/index.asp).

Las emisiones de N02 pasaron de 18,818,928.6 toneladas métricas del año 1990, a un total de 20,089,738.4 Tm para el 2010. Equivalentes en C02.

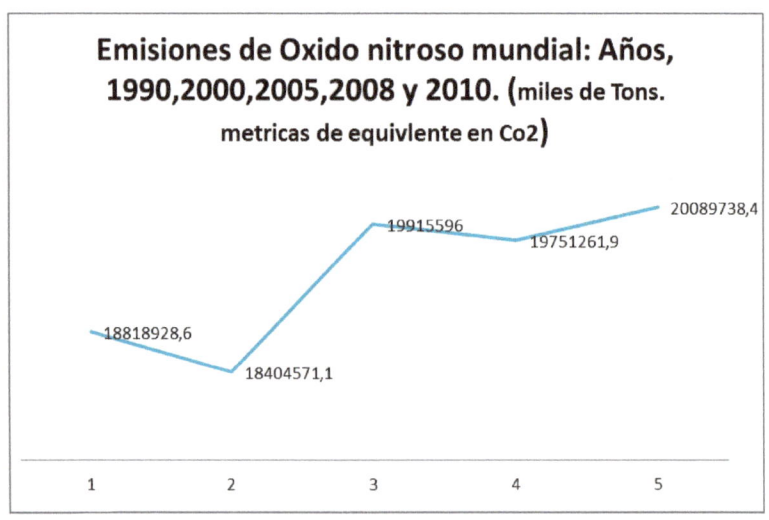

Derivado de los datos presentados, se evidencia, que las emisiones de los gases tipo invernadero mantienen tendencia sostenida a la alza, a crecer y no a disminuir. Por lo que, conforme transcurre el tiempo, se incrementa el área de la atmosfera que se cubre con estos gases, propiciándose que vaya en aumento la cantidad de calor retenido en la superficie terrestre. Provocando así, el origen del calentamiento global y su constante agravamiento.

Países que más Contaminan

De acuerdo a datos publicados por la

United States Environment Protection Agency, en 2017.

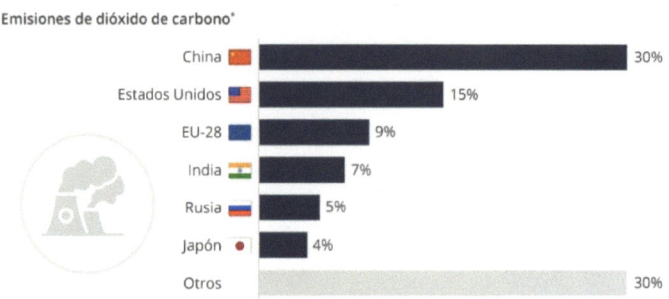

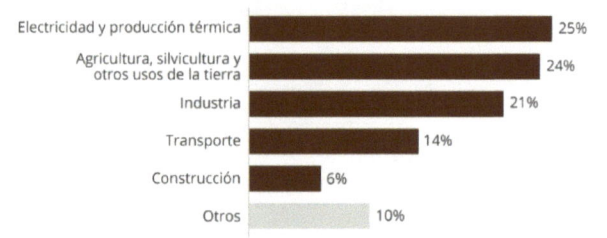

Emisiones Anuales de C02 por Sector a nivel mundial según datos publicados en el año 2010 por el Banco Mundial de Desarrollo (BMD):

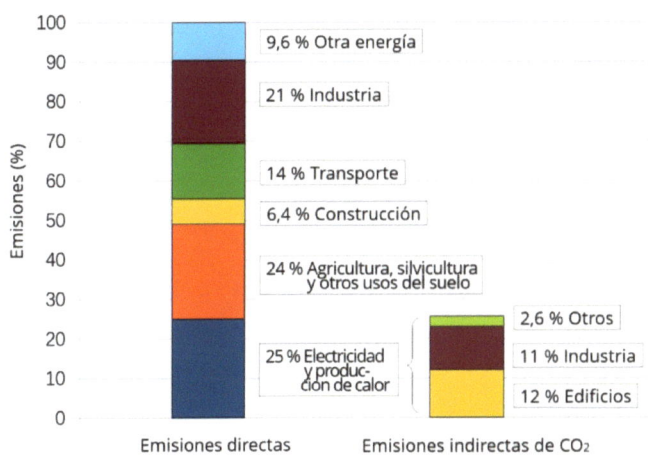

Calentamiento Global

Como ya se dijo, la acumulación de gases tipo invernadero en la atmosfera impide que el calor emitido por el sol hacia la superficie de la tierra se disipe. Atrapándolo y reflejándolo al interior del planeta, evitando su escape continuo o haciéndolo más lento.

Las condiciones para que esto suceda:

-Emisión de gases

-Acumulación de gases en la estratosfera

-Formación de capas

-Entrada de radiación solar

-Calentamiento de la superficie terrestre

-Reflejo del calor hacia la estratosfera

-Contrareflejo del calor por los gases hacia la superficie terrestre

Por tanto, aumenta la temperatura promedio, en distintos grados y duración, en la mayoría de las regiones del planeta.

Es decir:

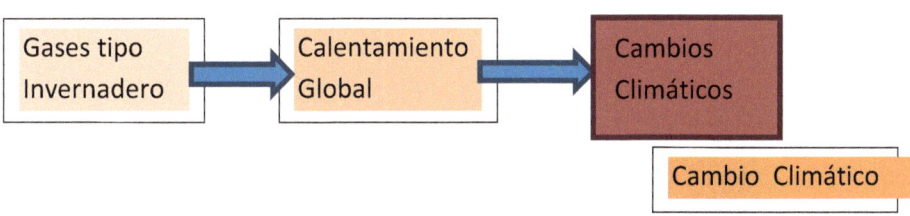

Cambio Climático

El Cambio Climático Global

Es la alteración del clima terrestre como efecto del Calentamiento Global.

Consecuencias:

-Afectará a la biodiversidad

-Aumentaran los incendios forestales en número e intensidad

-Gran número de especies de flora y fauna desplazaran su hábitat hacia los polos o hacia las montañas y altitudes mayores.

-Deshielo de polos

-Inundación de zonas costeras por incremento en nivel del mar

-Afectación de grandes núcleos de población humanas que tendrán que cambiar de hábitat y padecer hambrunas.

-Incremento en los desastres naturales provocados por huracanes.

Como se ve, la problemática que le espera a este planeta, de seguir por la misma senda de incremento en la contaminación por gases, será de proporciones inimaginables. Y con ello se compromete la vida misma, no solo de los humanos, sino también de todo ser que habita la tierra.

Es necesario entonces, bajar el nivel de emisiones de gases tipo invernadero, o al menos lograr una estabilización de las mismas en la cantidad promedio que nos permita amortiguar los impactos esperados en tiempo y nivel de peligrosidad. Para tal efecto la investigación que se a desarrollado al respecto, a logrado establecer posibles soluciones que es necesario dar a conocer y promover su correcta y pronta aplicación.

El proceso o acción para lograr que los efectos del calentamiento global se reduzcan, todo lo humanamente posible, en cuanto a su impacto en la alteración del clima global, se le denomina "Mitigación".

Acciones para Mitigar el Cambio Climático

-Cultivar

-Forestación y reforestación para crear sumideros de carbono

-Aumentar la eficiencia energética y de generación de energía

-No provocar la quema de flora y residuos en las actividades de manejo de suelos, para así evitar emisiones de CO_2.

-Usar sistemas energéticos que generen poco o no generen Carbono. Tales como: energía solar, eólica, e hídrica.

Como ayudan las Plantas a mitigar el Cambio Climático

La mayoría de los vegetales, prácticamente todos, realizan un proceso de síntesis de energía conocido como "Fotosíntesis". Dicho proceso consiste en tomar la energía del sol, que es energía radiante en forma de calor y transformarla en energía química. Proceso que ocurre en las hojas de las plantas.

Pero, el proceso de fotosíntesis necesita además de energía solar para poder llevarse a cabo, de; Agua, y $Co2$. Elementos que al combinarse químicamente producen la "Glucosa", sustancia producto de la síntesis de la energía solar en energía química.

Entonces tenemos que:

Agua + Bióxido de Carbono + Energía solar = Glucosa

Ahora, de acuerdo a la composición química de cada uno de los componentes que participan en la reacción, tenemos:

$$6CO_2 + 6H_2O \rightarrow C_6H_{12}O_6 + 6O_2$$

Es decir:

Participan en la reacción

6 moléculas de CO_2 (Bióxido de Carbono)

6 moléculas de HO_2 (Agua)

Y se obtiene:

1 molécula de $C_6H_{12}O_6$ (Glucosa); más

6 moléculas de O_2 (Oxigeno); el cual es liberado como desecho al medio ambiente.

De tal manera que el carbono (C) obtenido del Bióxido de Carbono, queda atrapado en la molécula de Glucosa.

Entonces, cultivar la tierra con especies alimenticias, sembrar árboles para formar bosques, reforestar para reponer los árboles talados; son actividades accesibles para cualquier gobierno y para cualquier individuo de una población. Son las acciones de mayor posibilidad para implementarse en el corto plazo.

Otros beneficios que aportan las plantas son la capacidad de muchas de ellas para limpiar el aire de otros contaminantes, vertidos, por la quema de gasolina en los motores de vehículos, o, por la actividad industrial de fábricas en distintos ramos.

La vegetación en general es la mejor tecnología para atrapar el CO_2. Lo ha hecho y lo hace diariamente. Como ya vimos el bióxido de carbono (CO_2), es el responsable del 50% de los efectos que propician el Calentamiento Global de la Tierra.

¿Qué esperamos?.

CAMBIOS OBSERVADOS Y POSIBLES EVENTOS ESPERADOS

Algunos de los cambios observados: aumento del nivel del mar, extremismo climáticos (Diferencia en el número de días cálidos y fríos), disminución de la extensión de la banquisa ártica, retroceso de los glaciares y el reverdecimiento del Sahara.

Las proyecciones de la disminución del hielo marino ártico varían. Las proyecciones recientes indican que entre 2025-2030 los océanos árticos podrían quedar libres de hielo, definido como una extensión de hielo menor a 1 millón de km2.

Un estudio publicado en 2015 por **Nature Climate Change**, afirma que:

"Un 18 % de las precipitaciones diarias moderadamente extremas en tierra son atribuibles al aumento de la temperatura observado desde la época preindustrial, que a su vez es resultado principalmente de la influencia humana. Para 2 °C de calentamiento, la fracción de precipitaciones extremas atribuibles a la influencia humana se eleva a cerca del 40 %. Del mismo modo, en la actualidad alrededor del 75 % de las precipitaciones diarias moderadamente extremas en tierra son atribuibles al calentamiento. Es para los fenómenos más raros y extremos la fracción antropogénica más grande y esa contribución incrementa de forma no lineal con un mayor calentamiento." (a)

"El análisis de datos de eventos extremos desde 1960 hasta 2010 sugiere que las sequías y olas de calor surgen simultáneamente con una frecuencia aumentada. Han aumentado los eventos extremos de humedad o sequía ocurridos en el periodo monzónico desde 1980.

Se ha estimado la subida del nivel del mar en un promedio entre 2,6 mm y 2,9 mm ± 0,4 mm por año desde 1993.

Parris y otros sugieren que el nivel medio global del mar podría subir entre 0,2 y 2,0 m, en el transcurso de el siglo xxi, con respecto de 1992.

En los ecosistemas terrestres, el desarrollo precoz de los eventos primaverales y los cambios de hábitat de los animales y las plantas hacia los polos y las alturas se han vinculado con alta confianza al calentamiento reciente. Se espera que el cambio climático futuro afecte especialmente a ciertos ecosistemas, incluidos la tundra, los manglares y los arrecifes de coral. Se prevé que la mayoría de los ecosistemas se verán afectados por el aumento de los niveles de CO_2 en la atmósfera, combinado con mayores temperaturas globales. En general, se espera que el cambio climático resultará en la extinción de muchas especies y la reducción de la diversidad de los ecosistemas." (b)

Que dicen las Naciones Unidas (ONU)

El Análisis actual de la ONU

Los expertos de la Organización de Naciones Unidas, afirman que:

"El cambio climático es uno de los mayores desafíos de nuestro tiempo y supone una presión adicional para nuestras sociedades y el medio ambiente. Desde pautas meteorológicas cambiantes, que amenazan la producción de alimentos, hasta el aumento del nivel del mar, que incrementa el riesgo de inundaciones catastróficas, los efectos del cambio climático son de alcance mundial y de una escala sin precedentes. Si no se toman medidas drásticas desde hoy, será más difícil y costoso adaptarse a estos efectos en el futuro.

La huella humana en los gases de efecto invernadero

Los gases de efecto invernadero (GEI) se producen de manera natural y son esenciales para la supervivencia de los seres humanos y de millones de otros seres vivos ya que, al impedir que parte del calor del sol se propague hacia el espacio, hacen la Tierra habitable. Un siglo y medio de industrialización, junto con la tala de árboles y la utilización de ciertos métodos de cultivo, han incrementado las cantidades de gases de efecto invernadero presentes en la atmósfera. A medida que la población, las economías y el nivel de vida crecen, también lo hace el nivel acumulado de emisiones de ese tipo de gases.

Se han relacionado científicamente varios hechos:

- *La concentración de GEI en la atmósfera terrestre está directamente relacionada con la temperatura media mundial de la Tierra;*

- *Esta concentración ha ido aumentando progresivamente desde la Revolución Industrial y, con ella, la temperatura mundial;*

- *El GEI más abundante, el dióxido de carbono (CO_2), es resultado de la quema de combustibles fósiles."* (c)

El Diagnostico Actual

Quinto Informe generado por el (IPCC). Año 2013

"Quinto Informe de Evaluación"

" El Informe proporciona una evaluación exhaustiva del aumento del nivel del mar y sus causas a lo largo de las últimas décadas. También calcula las emisiones acumuladas de CO_2 desde la época preindustrial y ofrece una estimación sobre futuras emisiones de CO_2 con el objetivo de limitar el calentamiento a menos de 2 °C. En 2011, ya se había emitido aproximadamente la mitad de esta cantidad límite. Gracias al IPCC sabemos lo siguiente:

- *De 1880 a 2012 la temperatura media mundial aumentó 0,85 °C.*
- *Los océanos se han calentado, las cantidades de nieve y hielo han disminuido y el nivel del mar ha subido. De 1901 a 2010, el nivel medio mundial del mar ascendió 19 cm, ya que los océanos se expandieron debido al hielo derretido por el calentamiento. La extensión del hielo marino en el Ártico ha disminuido en cada década desde 1979, con*

una pérdida de 1,07 × 106 km2 de hielo cada diez años.

- Debido a la concentración actual y a las continuas emisiones de gases de efecto invernadero, es probable que el final de este siglo presencie un aumento de 1-2° C en la temperatura media mundial en relación con el nivel de 1990 (aproximadamente 1,5-2,5°C por encima del nivel preindustrial). Así, los océanos se calentarán y el deshielo continuará. Se estima que el aumento del nivel medio del mar será de entre 24 y 30 centímetros para 2065 y de 40 a 63 centímetros para 2100 en relación al periodo de referencia de 1986-2005. La mayoría de los efectos del cambio climático persistirán durante muchos siglos, incluso si se detienen las emisiones.

Existen pruebas alarmantes de que se pueden haber alcanzado o sobrepasado puntos de inflexión que darían lugar a cambios irreversibles en importantes ecosistemas y en el sistema climático del planeta. Ecosistemas tan diversos como la selva amazónica y la tundra antártica pueden estar llegando a umbrales de cambio drástico debido al calentamiento y a la pérdida de humedad. Los *glaciares de montaña se encuentran en alarmante retroceso y los efectos producidos por el abastecimiento reducido de agua en los meses más secos tendrán repercusiones sobre varias generaciones.*

Calentamiento global de 1,5ºC

En octubre de 2018, el Grupo Intergubernamental de Expertos sobre el Cambio Climático (IPCC) ha publicado un informe especial sobre los impactos del calentamiento global de 1,5°C con respecto a los niveles preindustriales y las trayectorias correspondientes que deberían seguir las emisiones mundiales de gases de efecto invernadero, en el contexto del reforzamiento de la respuesta mundial a la amenaza del cambio climático, el desarrollo sostenible y los esfuerzos por erradicar la pobreza.

El informe advierte de que es posible que el calentamiento global alcance los 1,5°C entre 2030 y 2052 si continúa aumentando al ritmo actual. Si bien informes anteriores estimaban grandes daños si la temperatura media llegaba a los 2°C, este informe establece que muchos de los impactos adversos del cambio climático se producirán ya en los 1,5°C.

Además, el informe destaca una serie de impactos del cambio climático que podrían evitarse si la marca de calentamiento global máxima se establece en 1,5ºC en lugar de 2ºC o más. Por ejemplo, para 2100, el aumento del nivel del mar mundial sería 10 cm más bajo con un calentamiento global de 1,5ºC. Las probabilidades de tener un Océano Ártico sin hielo durante el verano disminuirá a una vez por siglo con el máximo en 1,5ºC, en lugar de una vez por década, si la marca se establece en los 2ºC. Los arrecifes de coral disminuirían entre un 70 y 90 por ciento con un calentamiento global de 1,5 º C, mientras que con 2ºC, se perderían prácticamente todos (99 por ciento).

El informe expone que limitar el calentamiento global a 1,5ºC requeriría transiciones "rápidas y de gran calado" en la tierra, la energía, la industria, los edificios, el transporte y las ciudades. Las emisiones netas mundiales de dióxido de carbono (CO_2) de origen humano tendrían que reducirse en un 45 por ciento para 2030 con respecto a los niveles de 2010, y seguir disminuyendo hasta alcanzar el "cero neto" aproximadamente en 2050. Esto significa que se debería compensar cualquier emisión remanente eliminando el CO_2 de la atmósfera." **(d)**

Fuente: http://www.un.org/es/sections/issues-depth/climate-change/index.html

Referencias

1. http://datos.bancomundial.org/indicador/EN.ATM.CO2E.KT/countries

2. http://datos.bancomundial.org/indicador/EN.ATM.METH.KT.CE/countries

3. http://datos.bancomundial.org/indicador/EN.ATM.NOXE.KT.CE/countries

4. Informe del Grupo de Trabajo III - Mitigación del Cambio Climático B. Metz, O.R. Davidson, P.R. Bosch, R. Dave, L.A. Meyer (eds) Cambridge University Press, Cambridge, United Kingdom and New York, NY, USA.

5. United States Environment Protection Agency: https://www.epa.gov/ghgemissions/global-greenhouse-gas-emissions-data#Country

6. (a):   Nature Climate Change

7. (b):   www.wikiwand.com/es/Protocolo_de_Kioto

8. (c) y (d): www.un.org/es/sections/issues-depth/climate-change/index.html

www.ingramcontent.com/pod-product-compliance
Lightning Source LLC
Chambersburg PA
CBHW041948240526
45473CB00036B/2688